BEI GRIN MACHT SICH IHR WISSEN BEZAHLT

- Wir veröffentlichen Ihre Hausarbeit,
  Bachelor- und Masterarbeit

- Ihr eigenes eBook und Buch -
  weltweit in allen wichtigen Shops

- Verdienen Sie an jedem Verkauf

**Jetzt bei www.GRIN.com hochladen
und kostenlos publizieren**

GRIN

Anonym

Lebenszyklus von Betriebsformen des Einzelhandels - Theoretische Formulierungen und Realität

GRIN Verlag

Bibliografische Information der Deutschen Nationalbibliothek:

Die Deutsche Bibliothek verzeichnet diese Publikation in der Deutschen National-
bibliografie; detaillierte bibliografische Daten sind im Internet über http://dnb.d-
nb.de/ abrufbar.

Impressum:

Copyright © 2011 GRIN Verlag GmbH
Druck und Bindung: Books on Demand GmbH, Norderstedt Germany
ISBN: 978-3-656-25255-9

Dieses Buch bei GRIN:

http://www.grin.com/de/e-book/198193/lebenszyklus-von-betriebsformen-des-ein-
zelhandels-theoretische-formulierungen

GRIN - Your knowledge has value

Der GRIN Verlag publiziert seit 1998 wissenschaftliche Arbeiten von Studenten, Hochschullehrern und anderen Akademikern als eBook und gedrucktes Buch. Die Verlagswebsite www.grin.com ist die ideale Plattform zur Veröffentlichung von Hausarbeiten, Abschlussarbeiten, wissenschaftlichen Aufsätzen, Dissertationen und Fachbüchern.

Besuchen Sie uns im Internet:

http://www.grin.com/

http://www.facebook.com/grincom

http://www.twitter.com/grin_com

RWTH Aachen
04.04.2011
Geographisches Institut
Hauptseminar: Wandel der Dienstleistungsmärkte
SS 2011
Seminararbeit

Lebenszyklus von Betriebsformen des Einzelhandels

-

Theoretische Formulierungen und Realität

6.Semester

B.Sc. Angewandte Geographie

Inhaltsverzeichnis

1 Einleitung

Der Einzelhandel spielt in Deutschland eine bedeutende Rolle. Da er sich in den letzten Jahrzehnten grundlegend verändert hat, stellt sich die Frage, ob die Veränderungen des Einzelhandels gewisse Regelmäßigkeiten aufweisen, die es möglich machen, Entwicklungen für die Zukunft vorhersagen zu können.

Unter dem Schlagwort ‚Wandel im Handel' (vgl. u.a. Heinritz 1989: 15) wurden in den zurückliegenden Jahren eine Vielzahl von wirtschaftsgeographischen und betriebswirtschaftlichen Analysen und Theorien zu diesem Thema verfasst. Dabei handelt es sich um den Versuch, den existierenden Betriebsformenwandel nach gewissen Gesetzen ordnen zu können, um die historischen Veränderungen zu verstehen und zukünftige Entwicklungen prognostizieren zu können. Eine dieser Theorien ist die sog. Lebenszyklushypothese von Betriebsformen, die in dieser Arbeit analysiert und bewertet werden soll.

Im ersten Teil der Arbeit wird die Bedeutung des Einzelhandles für die deutsche Wirtschaft herausgestellt, damit die Relevanz von Modellen und Theorien zur Entwicklung und zu Prognosen möglicher Veränderungen deutlich wird. Im Anschluss daran soll die Theorie des Lebenszyklus von Betriebsformen zunächst theoretisch erläutert werden.

Im zweiten Teil wird dargestellt, wie sich der Betriebsformenwandel in Deutschland seit 1945 vollzogen hat. Diese Darstellung der realen Einzelhandelsstrukturen und deren Veränderungen ist notwendig, um im dritten Teil die Theorie der Lebenszyklushypothese an der Realität messen zu können. Schlussendlich soll die Frage beantwortet werden, ob die Lebenszyklushypothese den Betriebsformenwandel im Einzelhandel in Deutschland ausreichend darstellen und erläutern kann.

2 Theoretische Formulierungen

Im Folgenden werden zunächst die Begriffe des Einzelhandels, der Betriebsform und des Betriebsformenwandels erklärt. Auf dieser Basis wird dann die Lebenszyklushypothese erläutert.

2.1 Der Begriff des Einzelhandel

Der dieser Arbeit zugrunde liegende Begriff des Einzelhandels orientiert sich an Heinritz, der dem Handel als solchem die Mittlerfunktion „zwischen der Produktion und dem Verbrauch" (Heinritz 2007: 699) zuschreibt, sodass grundlegende Entscheidungen v.a. bezüglich der Warenauswahl und der Preissetzung gefällt und somit sowohl die Produzenten als auch die Konsumenten direkt beeinflusst werden.

Der Einzelhandel spielt, wie anfangs schon gesagt, in Deutschland eine bedeutende Rolle. Dabei ist er wesentlich mehr als nur „Mittler zwischen der Produktion und dem Verbrauch" (Gebhardt 2007: 699). Zum Einen ist er einer der bedeutendsten Dienstleistungszweige der deutschen Wirtschaft, denn rund 2,9 Millionen Beschäftigte arbeiteten im Jahr 2008 im Einzelhandel (ohne Handel mit Kraftfahrzeugen) (vgl. Anhang 1). Mit 401 Milliarden Euro Umsatz (vgl. BDE) erwirtschaftete er im Jahr 2009 über 10 % des Bruttonationaleinkommens Deutschlands (Kulke 2010: 217).

Zum Anderen werden die Attraktivität von Städten im Allgemeinen und Innenstädten im Besonderen von den Bürgern oftmals über den Handelsbesatz bewertet und die Standortpolitik der Kommunalpolitik wird vor allem durch Ansiedlungen von Einzelhandelsunternehmen wahrgenommen. Außerdem gestaltet der Einzelhandel Stadtstrukturen, Verkehrsverflechtungen und Zentrensysteme (vgl. Kulke 2010: 217). „Der Einzelhandel ist [also] nicht nur ein wirtschaftlich bedeutender Bereich, sondern besitzt auch eine große strukturelle und räumliche Dynamik" (Klein 2010: 230).

In Deutschland zählen zu dem Begriff des Einzelhandels solche Betriebe, „die ihren Umsatz zumindest überwiegend durch Beschaffung und Absatz von beweglichen Sachgütern erzielen" (Heinritz 2007: 699), wobei die Kunden des Einzelhandels vor allem „private Haushalte"

4

(Rossmann et al. 2006: 2) sind. Dieser steht im Gegensatz zum Großhandel, der die „Handelswaren vorwiegend an Unternehmen, Körperschaften u.Ä." (ebd.)verkauft.

Der Einzelhandel ist nach Kulke unter die sog. „Anbieterbasierten Dienste" (Kulke 2008: 140) einzugruppieren, unter denen zu verstehen ist, dass der Nachfrager (hier also der Konsument) die Angebotsstandorte des Dienstleisters (in unserem Falle das Einzelhandelsgeschäft) besucht (vgl. Kulke 2008:140).

Nach Kulke lässt sich der Einzelhandel durch das Gliederungssystem der Dienstleistungen nochmals teilsystematisch aufteilen, wobei er unterschiedet zwischen

a) der Qualität: - z.B. Discounter, Fachgeschäften

b) der Fristigkeit des Angebots: - kurzfristig (z.B. Lebensmitteleinzelhandel)

                                                        - mittelfristig (z.B. Bekleidungseinzelhandel)

                                                        - langfristig (z.B. Möbeleinzelhandel)

Außerdem wird der Einzelhandel als konsumorientierter Dienst für die Versorgung der Konsumenten (vgl. Kulke 2008:142) nach den jeweiligen funktionalen Merkmalen gegliedert.

Diese unterschiedlichen Strukturierungsmöglichkeiten verdeutlichen, dass es sich bei dem Begriff des Einzelhandels um ein komplexes und vielschichtiges Dienstleistungsgebiet handelt.

Außerdem lassen sich die unterschiedlichen Formen des Einzelhandels in verschiedene Betriebsformen einteilen.

2.2 Betriebsformen und Betriebsformenwandel

Unter einer Betriebsform versteht Kulke die „typische Kombination von Merkmalen- v.a. Größe, Bedienungsform, Sortiment, Preisniveau- von Ladengeschäften" (Kulke 1998: 166). Klein weitet diese Definition auf „die Zusammensetzung aller Unternehmenskonzeptionen [...aus], die hinsichtlich der Handlungs- und Organisationsform übereinstimmen" (Klein 1997: 500).

Einzelhandelsbetriebe stehen unter einem ständigen Wettbewerbsdruck und müssen deshalb versuchen, ihre Wettbewerbsfähigkeit zu verbessern. Zudem ändern sich regelmäßig „die Sortiments- (Breite und Tiefe), Kosten- (z.b. Personal, Raum) und Marktbedingungen (z.b. Nachfragepräferenzen)" (Kulke 2010: 219). Eggert spricht heute sogar von einem neu entstandenen „Hyperwettbewerb" (Eggert 2006: 41), welcher Jahr für Jahr die Dynamik im Betriebsformenwandel verschärft. Dies führt dazu, dass die Grenzen zwischen den verschiedenen Branchen im Einzelhandel immer mehr verschwimmen (vgl. Heinritz:2007: 700; Eggert 2006: 41).

Daraus resultiert, dass Einzelhandelsbetriebe versuchen müssen, durch Innovationen, Verbesserungen und/ oder neue Kombinationen der Merkmale des Einzelhandelsbetriebes (siehe oben) ihre Wettbewerbsfähigkeit zu verbessern. Damit ändern sich die Betriebsformen und es entstehen durch ständig neue und innovative Kombination der verschiedenen Merkmale, der Handlungs- und der Organisationsformen von Einzelhandelsunternehmen neue Betriebsformen.

Dabei kann dieser Betriebsformenwandel unterschiedliche Ursachen haben.

So kann eine neue Betriebsform auf den Markt drängen, die etwas Innovatives vorweist. Dabei handelt es sich um eine Innovation, die eine völlig neue Betriebsform hervorbringt (vgl. Dicken 2007: 74 f.).

Außerdem kann die Weiterentwicklung bestehender Unternehmen durch eine „Neubestimmung von Sortiment, Bedienung und Preis" (Klein 1997: 500) erfolgen. In Folge dessen kann durchaus auf bestehende Standorte zurückgegriffen werden und der Betriebsformenwandel vollzieht sich innerhalb einer Betriebsform.

Bei dem Betriebsformenwandel handelt es sich somit um eine vom Handel selbst entwickelte, gesteuerte und beeinflussbare Form des ‚Wandels im Handel'. Der Handel wird im Wesentlichen von den drei Akteuren der Angebots- und Nachfrageseite sowie der Seite der räumlichen Planung der verschiedenen Gebietskörperschaften (vgl. Kulke 2010: 218)

6

beeinflusst. Der Wandel des Einzelhandels kann daher auch aus diesen drei verschiedenen Sichtweisen analysiert und bewertet werden. In der Literatur wird vor allem zwischen den Entwicklungen der Nachfrageseite (auch Konsumentenverhalten, Handelsexogene Einflüsse) und den Entwicklungen auf der Angebotsseite (auch Akteursverhalten, Handelsendogene Einflüsse) unterschieden (vgl. u.a. Gebhardt 2007; Kulke 2010; Heinritz et al. 2003).

Ob eine neue Betriebsform, die der Handel entwickelt hat, nun auf dem Markt erfolgreich ist, wird v.a. von der Nachfrageseite bestimmt (vgl. Kap. 3).

In der deutschen Einzelhandelsgeschichte ab 1945 lässt sich ein bedeutender und dynamischer Betriebsformenwandel feststellen. Für die Wissenschaft und v.a. für die Wirtschaft ist es von großer Bedeutung, diesen Wandel zu beschreiben und Regelmäßigkeiten festzustellen, um Aussagen über mögliche zukünftige Entwicklungen treffen zu können. Dazu wurden verschiedene Hypothesen aufgebaut. Eine davon ist die sog. Lebenszyklushypothese, die im Folgenden erläutert werden soll.

2.3 Die Lebenszyklushypothese

Klein veranschaulicht am Beispiel der Krise des Warenhauses den Betriebsformenwandel. Dabei stellt er die Entwicklung der Anzahlen der Warenhäuser der Anzahl der SB-Warenhäuser und Verbrauchermärkte im Zeitverlauf von knapp 45 Jahren gegenüber (VGL ABB. 1) und schließt daraus, dass die gegenübergestellten Anzahlen der Warenhäuser und Verbrauchermärkte „einen Lebenszyklus der Betriebsformen nahelegen" (Klein 1997: 500).

Abbildung 1: Warenhaus und VB- Markt/ SB- Warenhaus- Entwicklung seit 1950 (alte Bundesländer)

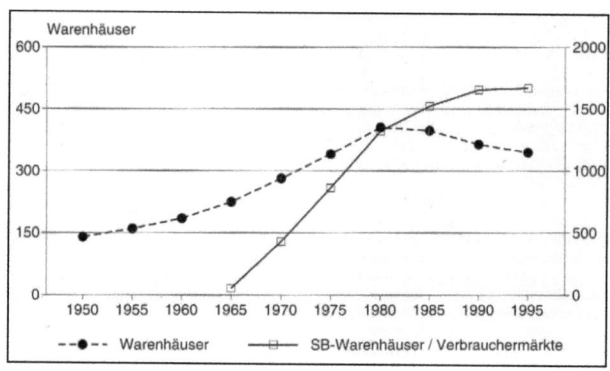

Quelle: Klein 1997: 499.

Die Grundannahme der Lebenszyklushypothese besagt- in Anlehnung an den Produktlebenszyklus in der Industriegeographie- dass „jede Betriebsform nur eine begrenzte Lebensdauer besitzt, innerhalb welcher sie einen charakteristischen Marktanteilszyklus durchläuft" (Kulke 2008: 166). Eine Betriebsform ist also „einem natürlichen Alterungsprozess unterworfen" (Heinritz et al. 2003: 50).

Die Lebenszyklushypothese besteht dabei aus vier oder in der Literatur zum Teil auch fünf (vgl. Heinritz et al. 2003: 50) Phasen. Im Folgenden sollen die vier Phasen nach Kulke kurz dargestellt werden (vgl. Abb. 2):

- Entstehungs- und Experimentierphase: Zu Beginn einer neuen Betriebsform wird versucht, diese auf dem Markt zu etablieren. Dabei ist die „Zahl der Einheiten dieser Betriebsform [...] noch sehr gering" (Kulke 2008: 166). Die neue Betriebsform weist oftmals eine bessere Anpassung an die Marktbedingungen auf (vgl. Kulke 2010:219), da sie im Vergleich zu etablierten, älteren und größeren Betriebsformen aufgrund ihrer relativ geringen Anzahl und ihrer Neuartigkeit besser auf Marktgegebenheiten und -veränderungen reagieren kann.

Wenn der Markt (also hier v.a. der Konsument) die neue Betriebsform nicht annimmt, wird diese nicht weitergeführt. Bei einer Markakzeptanz hingegen gelangt die Betriebsform bei einer Marktakzeptanz in die

- Aufstiegs-/ Expansionsphase. Wie der Name schon besagt, expandiert die neue Betriebsform in dieser Phase. Es kommt zu starken Umsatzgewinnen und die „neue Betriebseinheit [ersetzt] häufig ältere Typen, welche das gleiche Marktsegment versorgten" (Kulke 2008: 167). Die Lebenszyklushypothese geht davon aus, dass die neue Betriebsform nicht unendlich wachsen kann. Ihre maximale Bedeutung erfährt sie in der

- Reifephase. Hier wird der Höhepunkt des Marktanteils und des Gesamtumsatzes der Betriebsform erreicht, bis es zu der

- Rückbildungsphase kommt, in der wiederum die nun gealterte Betriebsform „durch neue Betriebsformen, welche besser den veränderten Angebots- und Nachfragebedingungen entsprechen" (Kulke 2008:267 ff.), ersetzt wird.

Abbildung 2: Lebenszyklus von Betriebsformen

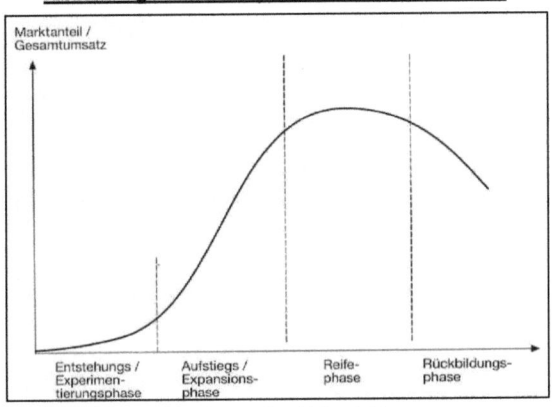

Quelle: Kulke 2008: 166.

Die logische Konsequenz dieser Theorie wäre, wie auch in der Abbildung 2 angedeutet und im Produktlebenszyklus beschrieben, das Verschwinden der Betriebsform nach einer relativen Zeit. Klein stellt folgendes jedoch heraus: „Je größer der Organisations- und Kooperationsgrad der beteiligten Unternehmen ist, desto wahrscheinlicher wird der Versuch, die Lebensdauer zu verlängern" (Klein 1997: 501). Somit muss im Lebenszyklus einer

Betriebsform „nicht das Verschwinden der Betriebsform stehen" (Klein 1997: 501). Wie bereits in Kapitel 2.1 erwähnt, kann auch eine „Neubestimmung von Sortiment, Bedienung und Preis" (Klein 1997: 500) den Lebenszyklus von Betriebsformen erheblich beeinflussen (vgl. auch Kapitel 2.1, v.a. S. 5), aussetzen oder sogar auf bereits vollzogene Lebenszyklusformen zurückführen.

3 Betriebsformenwandel in der Realität

Im nun folgenden dritten Teil der Arbeit soll auf die realen Veränderungen in der Einzelhandelslandschaft eingegangen werden. Dazu ist es notwendig, zunächst einen kurzen Blick auf die Akteur zu werden, die den Einzelhandel beeinflussen. Im Punkt 3.2 werden daraufhin die Veränderungen der Bedeutung beispielhafter Betriebsformen erklärt. Das Kapitel 3.3 gibt abschließend einen kurzen Überblick über die heutige Situation im Einzelhandel und mögliche zukünftige Entwicklungen.

3.1 Beeinflussende Faktoren des Einzelhandels

Der Einzelhandel hat sich global in den letzten fünfzig Jahren umfassend verändert. Dieser Prozess ist auch in Deutschland zu beobachten.

Wie bereits erwähnt sind verschiedene Entwicklungen im Einzelhandels in Deutschlands heute festzustellen, zu denen v.a. die folgenden Phänomene gehören (vgl. Heinritz et al. 2003:37ff.):

- Vergrößerung der Verkaufsfläche
- Rückläufige Betriebszahlen
- Unternehmenskonzentration
- Internationalisierung

Diese Entwicklungen sind geschichtlich begründet und lassen sich in der zeitlichen Abfolge verstehen. Dabei ist es notwendig zu bemerken, dass der Einzelhandel von drei Bereichen maßgeblich beeinflusst wird (vgl. Heinritz et al. 2003: 40 f.):

- dem sozialen System (der Konsument)
- dem Wirtschaftssystem (Unternehmen, Betriebe, Wettbewerb)
- dem politisch- administrativen System (Planungsgremien, politische Gremien)

Diese wiederum werden ebenfalls durch kulturelle, demographische und ökonomische Faktoren bestimmt (vgl. Merkel/Heymans 2003: 7). Daher geht der Wandel des Einzelhandels in Deutschland einher mit der wirtschaftlichen, gesellschaftlichen, kulturellen und sozialen Entwicklung im Land.

11

Die räumliche Planung -das politisch- administrative System- und die Eingriffe der öffentlichen Hand in den Einzelhandelswettbewerb nehmen in den letzten Jahren stark zu. Waren früher die gesetzlichen Vorgaben v.a. bezüglich der Standorte auf der ‚Grünen Wiese' noch relativ gering, sorgen v.a. die Baunutzungsordnung (BauNVO) mit dem §11 Absatz 3 zur Regelung des großräumlichen Einzelhandels (vgl. Bundesministerium der Justiz 2011) und das Baugesetzbuch mit den §§ 30 und 34 für feste Regeln (vgl. Bundesministerium der Justiz 2011a). Das Land Nordrhein- Westfalen stellt zudem mit dem 2007 nochmals verschärften Landesentwicklungsprogramm (LEPro) Regelungen auf, die einen Einzelhandel in nicht- integrierten Lagen für zentrenrelevanten Einzelhandel fast unmöglich machten (v.a. § 24a) (vgl. Ministerium für Inneres und Kommunales des Landes Nordrhein- Westfalen 2011).

Diese rechtlichen Eingriffe des Staates durch Regelungen und Beschränkungen wurden durch die Entwicklungen im Einzelhandel in den letzten fünfzig Jahren notwendig.

Der Betriebsformenwandel verlief in Deutschland durch die geschichtlichen Gegebenheiten sehr dynamisch und soll im Folgenden durch beispielhafte Betriebsformen veranschaulicht werden.

3.2 Vollzogener Betriebsformenwandel in Deutschland

Durch die vollständige Zerstörung der Strukturen des Deutschen Reiches unter der Diktatur der Nationalsozialisten und der bedingungslosen Kapitulation Deutschlands im Mai 1945 „hatte Deutschland 1945 aufgehört zu bestehen" (Berekhoven 1986: 81).

Für die meisten Deutschen ging es in den ersten Jahren nach dem Krieg zunächst um die bloße Existenz. Selbstverständlich war davon auch der Einzelhandel betroffen. Die ehemaligen Strukturen waren völlig aufgelöst, „Warenmangel, Kriegszerstörung von Anlagen und Einrichtungen [...] und der Verlust der Kundschaft hatte alle Branchen und Betriebstypen getroffen" (Berekhoven 1986: 84). Somit kann auch beim Einzelhandel von der Stunde Null gesprochen werden. Vorreiter der Strukturentwicklung und des -wandels war der Lebensmitteleinzelhandel. Daher soll dieser im Folgenden im Wesentlichen betrachtet werden. Grundlegend unterscheidet man im Einzelhandel vor allem zwischen dem Lebensmitteleinzelhandel und dem Non- Food- Einzelhandel.

3.2.1 Tante- Emma- Läden und die ersten SB- Läden

Durch das Wirtschaftswunder in den 1950er Jahren wurden nach den Kriegsjahren wieder Einzelhandelsstrukturen aufgebaut, die v.a. „ein dichtes Netz von Standorten in den Wohngebieten aufwiesen" (Kulke 2010: 219). Diese Bedienläden wurden in der Bevölkerung Tante- Emma- Läden genannt. „Nachbarschaftsläden, Fachgeschäfte und Kauf-/ Warenhäuser bestimmten die Betriebstypen des Einzelhandels" (Lukhaup 2001: 127). Schnell wuchs jedoch aufgrund des steigenden Einkommens und der sich immer stärker verbreitenden Massenmobilisierung (vgl. Berekoven 1986: 96) der Wettbewerb zwischen den Einzelhandelsbetrieben. Der Konsument wollte selbst entscheiden, wo er einkaufen ging, und konnte durch die gestiegene Mobilität auch Standorte außerhalb des Wohnortes erreichen. Auf Grund dieses erhöhten Wettbewerbsdruckes schlossen sich einige Einzelhandelbetriebe zu sog. „Einkaufsgenossenschaften (v.a. Edeka und REWE) und [...] Einkaufsgemeinschaften" (Lingenfelder/Lauer 1999: 27) zusammen. Durch den einsetzenden Wettbewerbsdruck waren die Einzelhandelsbetriebe gezwungen, ihre Kosten- Nutzen Funktion zu maximieren. Um die Kosten zu senken, wurde versucht, durch das Selbstbedienungsprinzip Personalkosten einzusparen. Die sog. SB- Läden breiteten sich in Deutschland sehr schnell aus. Im Jahr 1951 wurden lediglich 39 SB- Läden in Deutschland betrieben, wohingegen 1961 bereits mehr als 22.500 SB- Läden existierten (vgl. Lingenfelder/Lauer 1999: 27). Parallel mit dem Vormarsch der Selbstbedienungsläden erhöhte sich der Flächenbedarf der Betriebe, sodass „allein wegen des erhöhten Flächenbedarfs [viele kleine, selbstständige Einzelhandelsgeschäfte] nicht mehr mithalten" (Berekoven 1986: 92) konnten. So kam es in den folgenden Jahren zu einer starken Ausweitung der Verkaufsfläche und aufgrund eines erhöhten Kapitalbedarfs der einzelnen Einzelhandelsbetriebe zu Konzentrationstendenzen (vgl. Abb. 3) (vgl. Lingenfelder/Lauer 1999: 28). Innerhalb von nur zehn Jahren wuchs die Verkaufsfläche zwischen 1960 und 1970 um über 120 %, wohingegen „die Zahl der Lebensmittelgeschäfte um mehr als 20 %" (Lingenfelder/Lauer 1999: 28) zurückging (vgl. Abb. 3).

Die Konzentrationstendenzen und die Ausweitung der Verkaufsfläche sind im Lebensmitteleinzelhandel heute so gut wie abgeschlossen, wirken allerdings v.a. im Bekleidungseinzelhandel weiter fort (vgl. Merkel/ Heymans 2003: 3).

Zeitlich ein wenig verzögert gewannen auch die Supermärkte ab den 60er Jahren erheblich an Marktbedeutung.

Abbildung 3: Verhältnis zwischen der Anzahl der Geschäfte und der Verkaufsfläche im deutschen Lebensmitteleinzelhandel

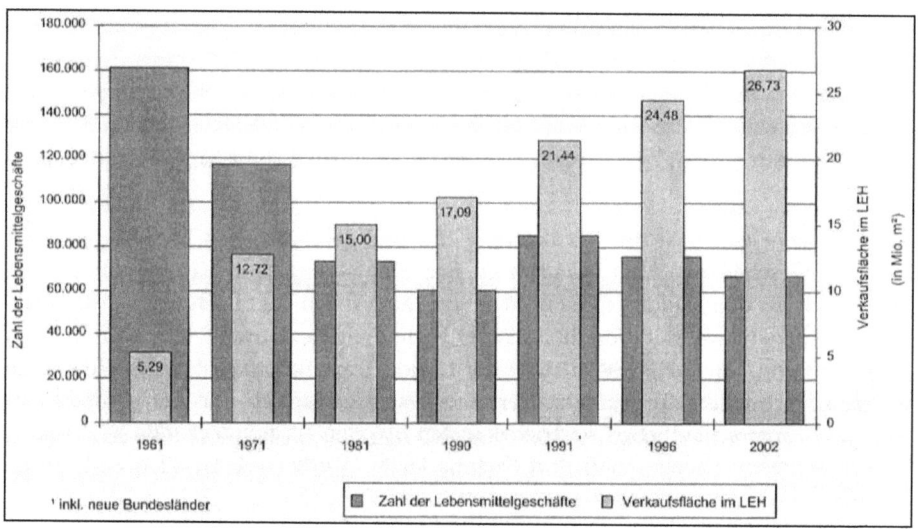

Quelle: Kaapke 2007: 368.

3.2.2 Kauf- und Warenhäuser

Am Beispiel der Kauf- und Warenhäuser lässt sich der Strukturwandel von Betriebsformen sehr gut veranschaulichen. Früher waren sie das Zentrum des innenstädtischen Einzelhandels und boten als Vollsortimenter für den Kunden alle Waren an. Bis in die sechziger Jahre des vergangenen Jahrhunderts wuchs ihre Zahl und erreichte im Jahr 1972 „mit gut 10 % Anteil am gesamten Einzelhandelsumsatz [… einen] Spitzenwert" (Berekoven 1986: 135), den sie so nie mehr erzielen sollten. Der Rückgang der Anzahl der Kauf- und Warenhäuser auf heute unter 5 % verdeutlicht diese Entwicklung. (vgl. Abb. 1, S. 7; (vgl. HDI 2011)). Grund für die strukturellen Probleme dieser Betriebsform sind die Trends zur Filialisierung des Einzelhandels und den Standorten „auf der grünen Wiese" (vgl. Merkel/ Heymans 2003: 14). Durch die Filialisierung wurden Warenhäuser in den Städten immer uniformer, regionale Besonderheiten gingen verloren, so dass sie für die Kunden uninteressanter wurden. Zudem verpassten die Warenhäuser die Trends der Zeit, die insbesondere auch in der Ausdifferenzierung der Unternehmenskonzepte zu „preis- bzw. kostenorientierten und wert-

bzw. leistungsorientierten" Betriebsformen (Klein 1997: 500) lagen. Dass das Warenhaus als einige Betriebsform beides zu integrieren versuchte, muss heute als verfehlte Unternehmenspolitik bewertet werden.

Verdeutlicht werden kann dieses u.a. daran, dass heute von den „großen vier Akteure[n] (Karstadt, Kaufhof, Hertie, Horten)" (Lingenfelder/ Lauer 1999: 38) nur noch zwei übrig geblieben sind (Hertie zu Karstadt und Horten zu Kaufhof), wobei Karstadt 2009/10 einen Insolvenzantrag stellen musste.

Mit andere Strategien wie z.b. dem Galeria- Konzept von Horten und später Kaufhof versuchten die Unternehmen, „Kompetenzen in ausgewählten Angebotsteilen zu gewinnen und das Angebot [wieder] stärker der lokalen Wettbewerbssituation anzupassen (Klein 1997: 500). Doch heute lässt sich auch hier sagen, dass die Warenhäuser mit diesen Konzepten nicht die Marktanteile zurückgewinnen konnten, die durch die verfehlte Unternehmenspolitik verloren gegangen sind. „Griffige Konzepte, die dieser Entwicklung zumindest in den kommenden Jahren Einheit gebieten könnten, sehen wir derzeit nicht" (Pietersen 2008: 62).

3.2.3 Der Einzelhandel auf der ‚Grünen Wiese'

Eine weitere neue Betriebsform entwickelte sich in den 1960er mit den Einkaufszentren, die zunächst fast ausschließlich auf der ‚Grünen Wiese' gegründet wurden, die dann jedoch auch aufgrund stärkerer staatlicher Einflussnahmen und Regulationen (vgl. Kap. 3) auf integrierte Flächen in Innenstädten entstanden (vgl. Bschirrer 2002: 26f).

Ein Beispiel für die Entwicklung sind heute die Fachmarktzentren (vgl. Kap. 3.1.5), die allerdings zumeist in nichtintegrierten Standorten lokalisiert sind.

Als Weiterführung der SB- Prinzipien und der Tendenz, an den Siedlungsrändern Einzelhandelsbetriebe zu eröffnen, traten in den 1970er Jahren die Verbrauchermärkte und SB- Warenhäuser auf, die mit „einem konsequenten Selbstbedienungsprinzip und vielfältigen Sortimenten" (Kulke 2010: 220) Marktbedeutung gewannen. Auch aufgrund ihrer enormen Fläche (ab 1.500 m²) (vgl. u.a. Bschirrer 2002: XV) führten diese Betriebsformen durch ihre Angebotsvielfalt sowohl in Lebensmittel- als auch in Non- Food- Bereichen dazu, dass sich die traditionellen Branchengrenzen mehr und mehr auflösten (vgl. Heinritz 2007: 700).

15

3.2.4 Die Discounter

Eine Innovation im Lebensmitteleinzelhandel stellte die Expansion der Lebensmitteldiscounter dar, wobei Aldi 1962 den ersten Lebensmitteldiscounter in Dortmund eröffnete (vgl. Wortmann 2003: 6; Lingenfelder/Lauer 1999: 43). Das in Essen gegründete Unternehmen stellte Anfang 1970 von den rund 1.950 Discountgeschäften allein 1.250 (vgl. Twardawa 2007:381), was einen Anteil von rund 65 % ausmachte. Aldi folgten „in den 1970er Jahren […] Plus (zu Tengelmann, 1972), Penny (zu Rewe, 1973) und Lidl (1973/78)" (Wortmann 2003: 7). Vorallem durch die sehr geringe Sortimentstiefe (nur eine (Eigen-) Marke je Produkt), durch die einfache Warenpräsentation, die hohe Durchlaufgeschwindigkeit der Produkte und die geringen Personalkosten konnten die Discounter die Gesamtkosten im Vergleich zum herkömmlichen Supermarkt fast halbieren (vgl. Tab 1; Lingenfelder/ Lauer 1999: 43; Twardawa 2007: 384 ff.). Tabelle 1 veranschaulicht, dass der Discounter im Vergleich zum klassischen Supermarkt in allen Bereichen Kostenvorteile ausweisen kann (vgl. Tab. 1).

Tabelle 1: Betriebswirtschaftliche Kennzahlen von Supermärkten und Discountern 1995

Kenngröße	Supermarkt	Discounter
Personalkosten (in % vom Umsatz)	12,3	6,1
Raumkosten (in % vom Umsatz)	6,3	4,5
Gesamtkosten (in % vom Umsatz)	22,5	13,2
Umsatz pro Betrieb in TDM	7.109	4.734
Umsatz pro qm Verkaufsfläche in DM	8.436	9.539
Lagerumschlagshäufigkeit pro Jahr	12,2	19,0

Quelle: angelehnt an: Lingenfelder/ Lauer 1999: 43.

Dass das Discountprinzip in Deutschland in den folgenden Jahren so erfolgreich sein konnte, ist auch mit der extremen Preisfixierung der deutschen Konsumenten zu begründen. So ergab eine Befragung der GfK- Nürnberg, dass 59 % der Verbraucher vornehmlich auf den Preis achten. Im Vergleich dazu sind dieses nur 42% der Verbraucher in Großbritannien oder 50% in Frankreich (vgl. Twardawa 2010: 384). Diese Discountmentalität wird inzwischen auch von anderen Branchen adaptiert. Slogans aus den 2000er Jahren wie ‚Ich bin doch nicht blöd' (MediaMarkt) und „Geiz ist Geil" (Saturn) (vgl. Kap. 3.1.5) verdeutlichen das preisbewusste Verhalten der Konsumenten.

3.2.5 Fachgeschäft und Fachmarkt

Das Fachgeschäft ist die traditionelle Form des Einzelhandels in Deutschland, oftmals lokalisiert in „verbrauchernahen innerstädtischen Geschäftszentren" (Merkel/ Heymans 2003: 10). Lange prägte das „klassische Fachgeschäft" (Kulke 2010: 220) sowohl den Lebensmitteleinzelhandel (z.b. Metzger, Bäckerei, Tante- Emma- Läden) als auch den Non-Food- Einzelhandel (z.b. Bekleidungsgeschäfte, Hutläden) Dabei charakterisieren vor allem vier Parameter nach der Definition der Handels- und Absatzwirtschaft die Fachgeschäfte:

- „Das Sortiment in großer Auswahl
- Unterschiedliche Qualitäten und Preislagen
- Ergänzende Dienstleistungen
- Branchenspezifisches oder bedarfsgruppenorientiertes Sortiment" (Kaapke 2007: 364).

Doch mit der wirtschaftlichen und handelsendogenen Entwicklungen wurde das Fachgeschäft vor große Probleme gestellt. Dem Trend des enormen Flächenzuwachses im Einzelhandel mit dem einhergehenden Rückgang der Betriebsstätten (vgl. Abb. 3) konnte das oftmals inhabergeführte Fachgeschäft nicht folgen. So verschwanden vor allem die traditionellen Lebensmittelfachgeschäfte. Auch die Wünsche der Konsumenten nach möglichst billigen Einkaufsgütern (Discountmentalität) und nach dem Einkauf in nur einem Geschäft (‚Alles unter einem Dach') konnte und kann der Facheinzelhandel nicht erfüllen. Dass inzwischen Discounter und andere Betriebsformen durch Angebote auch aus anderen Bereichen die Branchengrenzen (vgl. Kap. 2.1) weiter aufweichen, schadet den Fachgeschäften zusätzlich. Hier ist unter anderem die Sonderangebote der Discounter im Non- Food- Bereich zu nennen (z.B. Computer, Fernseher, Bekleidung).

Zudem bekam das Fachgeschäft Konkurrenz von dem Fachmarkt, der mit seiner neuen Betriebsform die Wünsche der Kunden besser befriedigen konnte.

Zeitlich erschienen in den Mitte der 1980er Jahre (vgl. Bschirrer 2002: 28) grenzt er sich durch seine Größe von dem klassischen Fachgeschäft ab und verfügt sowohl über ein breites als auch ein flaches Sortiment. Außerdem kann er drei Spezialisierungen aufweisen:

- Sortiment aus einem Warenbereich (z.B. Schuhfachmarkt)
- Sortiment aus einem Bedarfsbereich (z.B. Sportfachmarkt)
- Sortiment aus einem Zielgruppensortiment (z.B. Möbelfachmarkt) (vgl. Kaapke 2007: 365).

Dabei nutzt der Fachmarkt gezielt die Markttrends aus und setzt auf ein weitgehendes Selbstbedienungsprinzip und eine gute Erreichbarkeit des Standortes mit dem PKW, wodurch er in enger Verbindung mit dem Trend ‚Grüne Wiese' steht (vgl. Zentes/ Swoboda 1999: 100). Doch Fachmärkte können auch integriert in Innenstädten beheimatet sein wie z.B. die großen Elektronikmärkte. Fachmärkte zeichnen sich durch einen sehr hohen Filialisierungsgrad, der im Kontrast zu den traditionellen, meist inhabergeführten Fachgeschäften steht (vgl. Merkel/ Heymans 2003: 11). Außerdem spiegeln sich in der Werbung jeweilige Kundenwünsche wieder (‚Geiz ist Geil', oder ‚Alles in Obi').

Die Entwicklung von Fachmarktzentren, also die Betriebsformenagglomeration verschiedener Betriebsformen in einem für den Kunden attraktiven Mix zumeist unter einem Dach, zielt auf den Kofferraumeinkauf (u.a. kostenlose Parkplätze und verkehrsgünstige Standorte).

Die Standorte für die Fachmarktzentren sind zumeist nicht integrierte Lagen an Siedlungsrändern. Als Beispiel für den Aachener Raum ist hier das Hirschcenter an der Breslauer Straße zu nennen.

3.2.6 Versand- und Onlinehandel

Der Versandhandel spielt im deutschen Einzelhandel seit jeher eine Rolle, welche jedoch lange auf den klassischen Kataloghandel begrenzt war (vgl. Wirtz/ Sammerl 2006: 425). Durch das Aufkommen der neuen Medien und v.a. des Internets veränderte sich jedoch der Versandhandel grundlegend. „Aus klassischen Katalogversendern werden Multi- Channel-Versender" (Auer 2006: 11). Darunter ist zu verstehen, dass Unternehmen auf den Märkten mit verschiedenen Vertriebsstrategien auftreten können. Beispiele dafür sind die Kombination aus stationären Einzelhandel, dem Katalog- und dem Internetgeschäft (vgl. Riekhof 2006: 8). Längst haben die traditionellen Versandhäuser wie Otto (Schnieders 2008: 493ff.) oder Neckermann ihr Angebot auf das Internet ausgeweitet. Der klassische Katalog wird bald nur noch eine untergeordnete Rolle spielen. Neue Global Player wie Amazon erobern zunehmend den sich verändernden Markt. „Heute beschränkt sich der elektronische Einzelhandel vor allem auf per Internet lieferbare Artikel (z.B. Musik, Videos) und auf standardisierte Produkte (z.B. Bücher)" (Kulke 2010: 223), jedoch ist ein Wachstum auch in anderen Bereichen zu erwarten. Bereits 2008 nutzen z.B. 89 % der Käufer eines Flugtickets das Internet(Heinemann 2010: 5).

18

Der Umsatz des Versandhandels wird für das Jahr 2015 auf 13 % prognostiziert, was eine knappe Verdreifachung des Wertes von 1986 darstellen würde (vgl. Abb. 4).

Abbildung 4: Umsatz des Versandhandels am Einzelhandel in Prozent

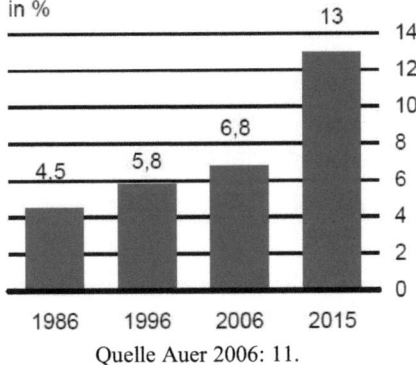

Quelle Auer 2006: 11.

Der elektronische Handel mit Hilfe der Neuen Medien wird in Zukunft vor allem bei Versorgung des ländlichen Raumes an Bedeutung gewinnen (Börglein/ Schellenberg 2006: 108).

3.3 Die aktuelle und zukünftige Situation des Einzelhandels

Der Einzelhandel in Deutschland ist heute noch in einem sehr dynamischen Veränderungsprozess begriffen, der sich auch in den folgenden Jahren aufgrund der sich ständig verändernder Rahmenbedingungen nicht verringern wird. Dabei hat der Handel das Problem, dass zwar das den Haushalten zur Verfügung stehende Einkommen in den Jahren stetig gestiegen ist, jedoch der Anteil des Einzelhandelsumsatzes an den Konsumausgaben stetig sinkt (vgl. Abb. 5). Daher ist heute und auch in Zukunft nicht mehr mit großen Steigerungsraten der Umsätze im Einzelhandel zu rechnen. „Der Handel verkauft heute in gesättigten Märkten, d.h. es gibt nichts mehr hinzuzugewinnen, sondern nur noch räumlich umzuverteilen (Gebhardt 2002: 92).

Abbildung. 5: Anteil Einzelhandelsumsatz an den Konsumausgaben

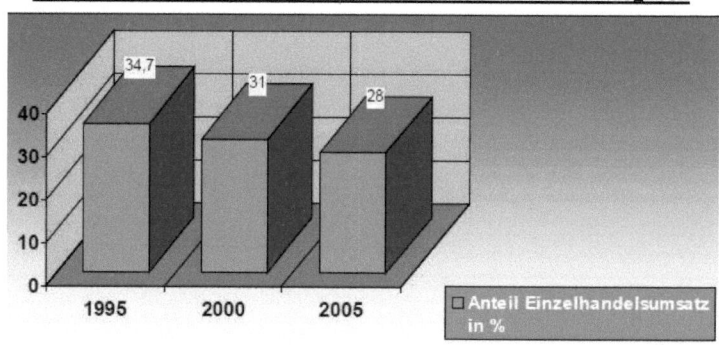

Quelle: Georg 2006: 5.

Die Einzelhandelsstruktur ist heute so vielfältig und heterogen wie niemals zuvor. Ob der preisorientierte Einkauf beim Discounter auf der ‚Grünen Wiese', das Shoppen in den traditionellen Innenstädten mit ihren gewachsenen Einzelhandelsstrukturen oder der Erlebniseinkauf in modernen Shoppingcentern: Der Kunde hat die Wahl, die er aufgrund seiner persönlichen Bedürfnispräferenzen trifft. Durch die Vielzahl von verschiedenen Formen des Einzelhandels kommt es zu einem erhöhten Konkurrenzkampf zwischen etablierten und neuen Unternehmen, Filialisten und Betriebsformen, sodass sich die Frage stellt, wie sich die einzelnen Umsatzgewinn der Unternehmen auf die jeweilige Betriebsform verteilen.

Eine endgültige Aussage dazu zu treffen ist schwer, da die Unterteilung in die unterschiedlichen Betriebsformen nicht immer eindeutig ist und die verschiedenen

Institutionen oftmals auf andere Zahlen kommen. Doch der Trend zur ist eindeutig. Die Umsatzeinbußen des Fachhandels- und dabei insbesondere des nicht- filialisierten Fachhandels- sind gravierend und werden sich auch in Zukunft fortschreiten. Die Fachmärkte und Discounter dagegen gewinnen immer weiter an Bedeutung, wobei besonders bei den Discountern auch eine gewisse Stabilisierung erkennbar ist (vgl. Abb. 6).

Abbildung 6: Veränderung des Anteils ausgewählter Betriebsformen am Einzelhandel

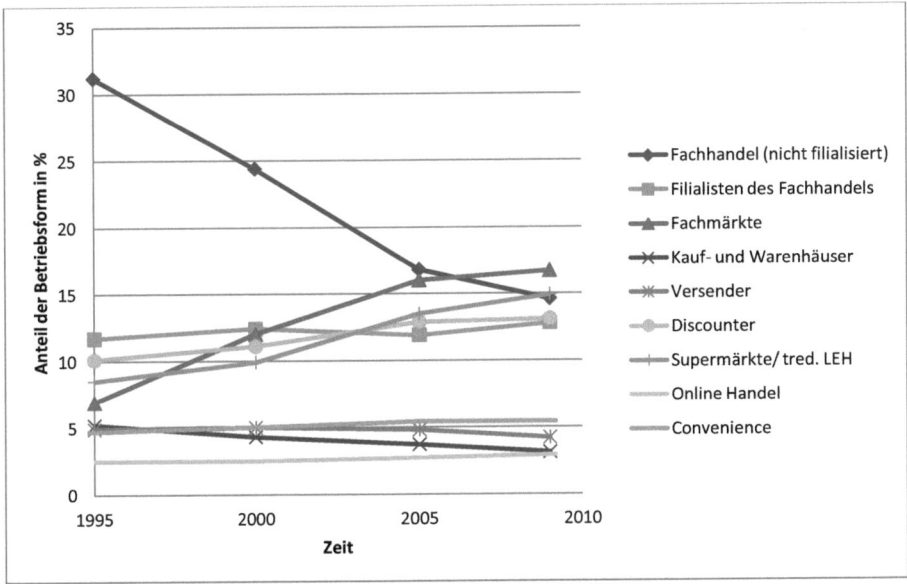

Quelle: Eig. Darstellung. Datengrundlage: HDE 2011.

4 Schlussbetrachtung: Kann die Lebenszyklushypothese den Betriebsformenwandel erklären?

Die abschließende Frage ist, ob die in Kap. 2.3 beschriebene Lebenszyklushypothese den realen Betriebsformenwandel im Einzelhandel (Kap. 3) hinreichend erklären kann. Dazu ist nochmals auf verschiedene Entwicklungen im Einzelhandel einzugehen. Die Entwicklungen des Umsatzanteils von Fachgeschäften und Warenhäusern legt nahe (Abb. 5), dass Betriebsformen eine Art Reifezyklus wie von der Lebenszyklushypothese beschrieben vorweisen. Die Abbildungen 7a und 7b zeigen für den Lebensmitteleinzelhandel und den Non- Food- Einzelhandel die relative Marktbedeutung in den letzten 55 Jahren auf (vgl. Abb. 7a und 7b).

Abbildung 7a: Merkmale und Marktbedeutung von Betriebsformen des Lebensmitteleinzelhandels

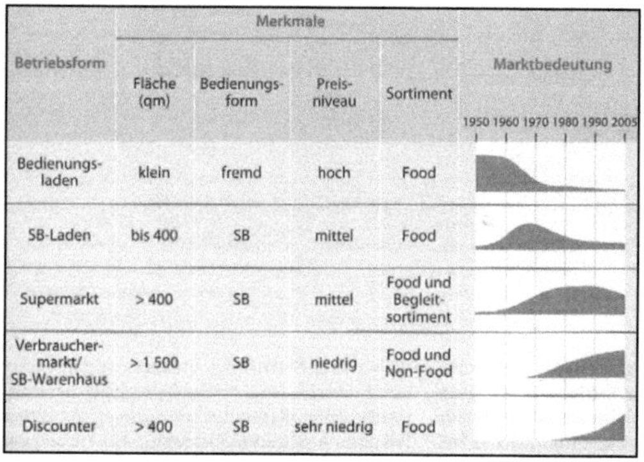

| Betriebsform | Merkmale | | | | Marktbedeutung |
	Fläche (qm)	Bedienungs-form	Preis-niveau	Sortiment	1950 1960 1970 1980 1990 2005
Bedienungs-laden	klein	fremd	hoch	Food	
SB-Laden	bis 400	SB	mittel	Food	
Supermarkt	> 400	SB	mittel	Food und Begleit-sortiment	
Verbraucher-markt/ SB-Warenhaus	> 1 500	SB	niedrig	Food und Non-Food	
Discounter	> 400	SB	sehr niedrig	Food	

Quelle: nach Kulke 2010: 221.

Die Analyse der Marktbedeutungen der verschiedenen Betriebsformen in den Abbildungen 7a und 7b zeigt, dass die Betriebsformen einen gewissen Lebenszyklus beschreibt, wie es in der Theorie vorhergesagt wird. Die Prognose, ob dieses auch in Zukunft so sein wird, fällt schwer. Die bisherigen Entwicklungen sind vor allem durch einen Preiswettbewerb entstanden. Ein Grund für den Erfolg neuer Betriebsformen, die auf die Preisorientierung der Kunden zielen, ist sicherlich in der sich vergrößernde Einkommensschere der deutschen Bevölkerung zu sehen (vgl. Georg 2006: 5). Dadurch verändert sich auch das Konsumverhalten der deutschen Bevölkerung, was sich an den unterschiedlichen Konsumausgaben und–bedürfnissen zeigt. Dass es beispielhaft die Discounter verstanden

Abbildung 7b: Merkmale und Marktbedeutung von Betriebsformen des Non- Food- Einzelhandels

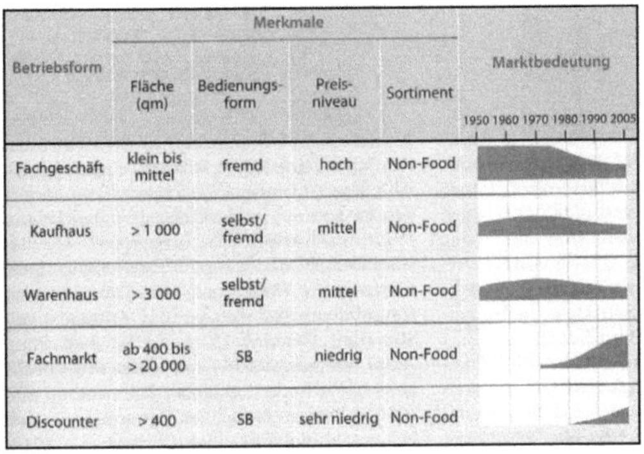

| Betriebsform | Merkmale | | | | Marktbedeutung |
	Fläche (qm)	Bedienungs- form	Preis- niveau	Sortiment	1950 1960 1970 1980 1990 2005
Fachgeschäft	klein bis mittel	fremd	hoch	Non-Food	
Kaufhaus	> 1 000	selbst/ fremd	mittel	Non-Food	
Warenhaus	> 3 000	selbst/ fremd	mittel	Non-Food	
Fachmarkt	ab 400 bis > 20 000	SB	niedrig	Non-Food	
Discounter	> 400	SB	sehr niedrig	Non-Food	

Quelle: nach Kulke 2010: 221

haben, von ihrem Schmuddel- Image wegzukommen und inzwischen für breite Bevölkerung attraktiv sind, ist ein Erfolg dieser Betriebsform. Noch vor wenigen Jahren konnte man sich nur schwer vorstellen, dass der Discounter eine Reife- und eine Rückbildungsphase erreichen würde. Doch heute gibt es Anzeichen dafür, dass die Betriebsform des Discounters langsam ihre Reifephase erreicht. So ist beispielsweise für Aldi „selbst durch eine Ausweitung des Filialnetzes [...] kaum noch eine Steigerung der Käuferreichweite möglich" (Twardawa 2007: 382). Der Markt ist bereits in manchen Teilen Deutschlands übersättigt (v.a. in Ostdeutschland), in anderen Teilen werden nur noch geringe Zugewinne der Discounter möglich sein (vgl. Anhang 1). Damit ist bereits ein Trend aufgezeigt, der selbst den Discountern als Betriebsform eine Abnahme der Expansionen prognostiziert.

Anhand der Entwicklungen der Marktanteile der Betriebsformen in Abbildung 7a, 7b und 6 lässt sich versuchen, die verschiedenen Betriebsformen anhand ihrer Reifephasen in der Lebenszyklushypothese in einen Graphen zu integrieren, der die realen Marktanteile auf die Lebenszyklusgraphen überträgt. Abbildung 8 ist ein solcher Versuch der Bestimmung der jeweiligen Lebenszyklusphasen von Betriebsformen. So befinden sich die Warenhäuser und die traditionellen Supermärkte in der Abschwungphase, Baumärkte haben ihre Reifephase fast erreicht, wohingegen Convenience- Stores und v.a. der Online- Handel sich in der Wachstums- bzw. Einführungsphase befinden (vgl. Abb. 8 und Kap. 3.1).

Abb. 8: Status der Betriebsformen im Lebenszyklus

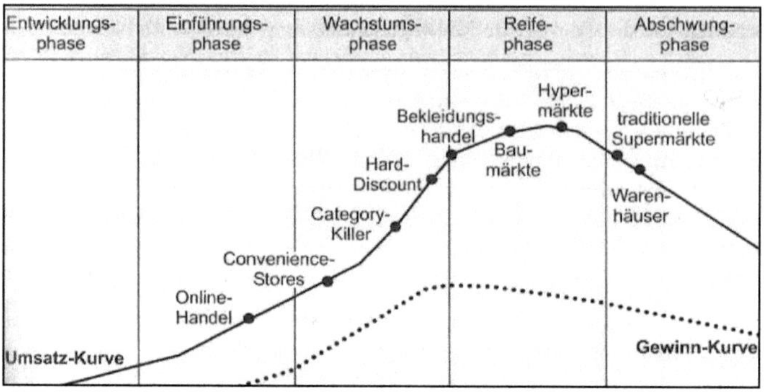

Entwicklungs-phase	Einführungs-phase	Wachstums-phase	Reife-phase	Abschwung-phase

Quelle: Pietersen 2008:57.

5 Fazit

Die Theorie des Lebenszyklus von Betriebsformen im Einzelhandel ermöglicht es, die bisherigen Entwicklungen im deutschen Einzelhandel zu systematisieren und zu vereinfachen. Doch wie jedes Modell kann die Theorie die Entwicklungen und Dynamiken der Realität nur begrenzt darstellen. Daher muss die Lebenszyklushypothese ergänzt werden. Wie Heinritz et al. ausführen, gibt es drei verschiedene Ansätze, um den Betriebsformenwandel zu erklären, wobei die Lebenszyklushypothese dabei unter den Zyklischen Theorien einzustufen ist (vgl. Heinritz et al. 2003: 49 ff.). Im Gegensatz dazu stehen die sog. Umwelttheorien und die Konflikttheorien. Dabei ist bei allen Versuchen der Erklärung des Betriebsformenwandels zu kritisieren, dass wichtige Teilaspekte nicht berücksichtigt werden. So ist dieses in dem Fall der Lebenszyklushypothese u.a. das Fehlen der Weiterentwicklung von Betriebsformen, wie es u.a. Klein 1997 am Beispiel des Warenhauses aufzeigt (vgl. Klein 1997: 499 ff.). Dass dadurch wie bereits in Kapitel 2.2, Seite 9 erwähnt, die Lebenszyklusphasen beeinflusst, ausgesetzt oder zurückgeführt werden können, macht eine Ausweitung der Lebenszyklushypothese notwendig, wenn sie die Realität Wirklichkeitsnah darstellen soll. Je etablierter Betriebsformen sind, umso mehr werden sie versuchen, ihre Marktbedeutung zu stabilisieren und auszubauen.

Der Einzelhandelsmarkt erlebt in den letzten Jahren eine Dynamik, die unvergleichbar ist. Durch die immer stärkere Konzentration des Umsatzes auf nur wenige Unternehmen erlangen diese eine Marktmacht, die sich in Zukunft wohl auch noch ausweiten wird. Dadurch können diese wenigen Unternehmen Markttrends setzen, mitbestimmen oder eindämmen.

Gerade die Entwicklung des Internets in den letzten zwanzig Jahren macht deutlich, dass Prognosen zur Zukunft immer schwerer zu treffen sind. Der stationäre Einzelhandel sieht sich heute einem wachsenden, virtuellen Markt gegenüber, der zusehend Bedeutung gewinnen wird. Dabei kann der Onlinehandel sehr stark auf individuelle Kundenwünsche reagieren und hat damit außer den Kosten- und Bequemlichkeitsfaktoren einen weiteren Vorteil gegenüber dem stationären Einzelhandel.

Wie hoch der Anteil dieser Betriebsform jedoch in den nächsten Jahren sein wird, ist nicht abzusehen. Neue Innovationen werden aber auf jeden Fall den Markt weiter verändern. Die Umsatzanteile der einzelnen Betriebsformen werden dementsprechend variieren. Ob dieses jedoch entsprechend der Lebenszyklushypothese erfolgt, ist nicht zu sagen.

Literaturverzeichnis

Auer, J. (2006): Perspektiven im Einzelhandel sind limitiert. <http://www.dbresearch.de/PROD/DBR_INTERNET_DE-PROD/PROD0000000000204796.pdf> abgerufen am 21.02.2011.

Berekoven, L. (1986): Geschichte des Deutschen Einzelhandels. Frankfurt a.M.: Deutscher Fachverlag.

Blotevogel, H. H. (Hrsg.) (2002): Fortentwicklung des Zentrale- Orte- Konzept. Hannover: Akademie für Raumforschung und Landesplanung (= Forschungs- und Sitzungsberichte 217).

Börglein, R./ Schellenberg, J. (2002): Die Bedeutung neuer Informations- und Telekommunikationstechniken für das zentralörtliche System am Beispiel von Telearbeit und E- Commerce. In: Blotevogel, H. H. (Hrsg.) (2002): Fortentwicklung des Zentrale- Orte-Konzept. Hannover: Akademie für Raumforschung und Landesplanung (= Forschungs- und Sitzungsberichte 217), 104- 119.

Bschirrer, M (2002): Die Versorgungssituation in den nordbayerischen Kleinzentren. In: Maier, J. (Hrsg.): Neue Entwicklungen im Handels-/ Versorgungsbereich und die Rolle Zentraler Orte. Bayreuth: Lehrstuhl Wirtschaftsgeographie und Regionalplanung (= Arbeitsmaterialien zur Raumordnung und Raumplanung 211), 1-91.

Bundesministerium der Justiz (2011): Verordnung über die bauliche Nutzung der Grundstücke (Baunutzungsverordnung -BauNVO). http://www.gesetze-im-internet.de/bundesrecht/baunvo/gesamt.pdf> abgerufen am 28.03.2011.

Bundesministerium der Justiz (2011a): Baugesetzbuch (BauGB). < http://www.gesetze-im-internet.de/bundesrecht/bbaug/gesamt.pdf > abgerufen am 28.03.2011.

Deutsches Statistisches Bundesamt (Destatis) (2011): Jahresstatistik im Handel 2008.

Dicken, P. (2007[5]): Global Shift- Mapping the changing contours of the world economy. London: Sage.

Eggert, U. (2006): Wettbewerbliches Umfeld- Konsumenten- Lieferanten- Konkurrenten. In: Zentes, J. (Hrsg.): Handbuch Handel. Strategien- Perspektiven- Internationaler Wettbewerb. Wiesbaden: Betriebswirtschaftlicher Verlag Dr. Th. Gabler, 23- 47.

Ellrich, M (2005): Infoblatt Standorte des Einzelhandels- Standortwandel, Standorttypen und die raumwirksamen Folgen. <http://www.klett.de/sixcms/list.php?page=miniinfothek&miniinfothek=Geographie+Infothek&article=Infoblatt+Standorte+des+Einzelhandels> abgerufen am 21.02.2011.

Gebhardt, H. (2002): Neue Lebens- und Konsumstile, Veränderungen des aktionsräumlichen Verhaltens und Konsequenzen für das zentralörtliche System. Blotevogel, H. H. (Hrsg.): Fortentwicklung des Zentrale- Orte- Konzept. Hannover: Akademie für Raumforschung und Landesplanung (= Forschungs- und Sitzungsberichte 217), 91- 103.

Georg, A. (2006): Marktreport Einzelhandel in Deutschland- Welche Chancen haben Fachmarktzentren?
<http://www.georg-ic.de/Dokumente/Newsletter/Marktreport%20EHZ.pdf> abgerufen am 21.02.2011.

Georg, A./ Ottenströer, V. (2009): Versorgung mit Lebensmittel- Discountern in Deutschland.
<http://www.georg-ic.de/Dokumente/Newsletter/LEH-Discounter_Lebensmittelzeitung.pdf> abgerufen am 17.03.2011.

Handelsverband Deutschland – Der Einzelhandel (HDE)
<http://www.einzelhandel.de/pb/site/hde/node/1213371/Lde/index.html > abgerufen am 23.02.2011.

Handelsverband Deutschland – Der Einzelhandel (HDE) (2011): Marktanteilsentwicklung nach Vertriebsformen.
<http://www.einzelhandel.de/pb/site/hde/node/1147859/Lde/index.html> abgerufen am 17.03.2011.

Hahn, B. (2001): Erlebniseinkauf und Urban Entertainment Centers. In: Geographischer Rundschau 53 (1), 19- 25.

Hahn, B/ Popp, M. (2006): Handel ohne Grenzen. Die Internationalisierung im Einzelhandel. Entwicklung und Stand der Forschung. In: Berichte zur Landeskunde 80 (2), S. 135- 156.

Heinemann, G. (2010^2): Der neue Online- Handel: Erfolgsfaktoren und Best Practices. Wiesbaden: Gabler.

Heinritz, G. (1989): Der „Wandel im Handel" als raumrelevanter Prozess. In: Geipel, R./ Hartke, W./ Heinritz, G. (Hrsg.) (1989): Geographische Untersuchungen zum Strukturwandel im Einzelhandel. Regensburg: Verlag Michael Laßleben (= Münchener Geographische Hefte 63), 15-128.

Heinritz, G./ Klein, K. E./ Popp, M. (2003): Geographische Handelsforschung. Berlin: Borntraeger.

Heinritz, G. (2007): Geographische Handelsforschung. In: Gebhardt, H. et al. (Hrsg.) (2007):Geographie- Physische Geographie und Humangeographie. Heidelberg: Spektrum Akademischer Verlag, 699- 707.

Kaapke, A. (2007): Fachgeschäfte und Fachmärkte- Erscheinungsformen und künftige Entwicklung. In: Zentes, J. (Hrsg.): Handbuch Handel. Strategien- Perspektiven- Internationaler Wettbewerb. Wiesbaden: Betriebswirtschaftlicher Verlag Dr. Th. Gabler, 361- 376.

Klein, K.E. (1997): Wandel der Betriebsformen im Einzelhandel. In: Geographische Rundschau 49 (9), 499- 504.

Kulke, E. (1998): Wirtschaftsgeographie Deutschlands. Stuttgart: Gotha.

Kulke, E. (2008³): Wirtschaftsgeographie. Paderborn: Schöningh.

Kulke, E. (2010²): Wirtschaftsgeographie Deutschlands. Heidelberg: Spektrum Akademischer Verlag.

Lingenfelder, M./ Lauer, A. (1999): Die Unternehmenspolitik im deutschen Einzelhandel. In: Dichtl, E./ Lingenfelder, M. (Hrsg): Meilensteine im deutschen Handel: Erfolgsstrategien- gestern, heute, morgen. Frankfurt a.M.: Deutscher Fachverlag, 11- 56.

Lukhaup, R. (2001): Zu Theorie und Praxis der Einzelhandelszentralität in der Geographie- Mit Beispielen aus Südwestdeutschland. Mannheim: Mannheimer Geographische Arbeiten.

Merkel, H./ Heymans, J. (2003): Geschäftsmodelle im stationären Einzelhandel. <http://www.imc-ag.com/downloads/Festschrift-03-2.pdf> abgerufen am 14.03.2011.

Ministerium für Inneres und Kommunales des Landes Nordrhein- Westfalen (2011): Gesetz zur Landesentwicklung. <https://recht.nrw.de/lmi/owa/br_bes_text?anw_nr=2&gld_nr=2&ugl_nr=230&bes_id=4714 &aufgehoben=N&menu=1&sg=0#det211024> abgerufen am 28.03.2011.

Miosga, M (2002): Entwicklungstendenzen im Einzelhandel und deren Auswirkungen auf das Konzept der zentralen Orte. In: Blotevogel, H. H. (Hrsg.) (2002): Fortentwicklung des Zentrale- Orte- Konzept. Hannover: Akademie für Raumforschung und Landesplanung (= Forschungs- und Sitzungsberichte 217), 78- 90.

Pietersen, F. (2008): Handel in Deutschland- Status quo. In: Riekhof ,H.-C. (Hrsg.) (2008²): Retailing Business in Deutschland- Perspektiven, Strategien, Erfolgsmuster. Wiesbaden: Gabler, 33-70.

Purper, G. (2007): Die Betriebsformen des Einzelhandels aus Konsumentensicht. Wiesbaden: Deutscher Universitäts Verlag/ GWV- Fachverlag GMBH. <http://books.google.de/books?id=Ad73i7OQ720C&pg=PA43&dq=Lebenszyklus+Betriebsfo rmen&hl=de&ei=yyB_TdOcCZHIswaaeXfBg&sa=X&oi=book_result&ct=result&resnum= 2&ved=0CC8Q6AEwAQ#v=onepage&q=Lebenszyklus%20Betriebsformen&f=false.> abgerufen am 21.02.2011.

Riekhof, H.-C. (Hrsg.) (2008²): Retailing Business in Deutschland- Perspektiven, Strategien, Erfolgsmuster. Wiesbaden: Gabler.

Rossmann, P. / Wein, E. (2006): Strukturdaten des Einzelhandels im Jahr 2003. In: Wirtschaft und Statistik 2006 (8), 820- 831.
<http://www.destatis.de/jetspeed/portal/cms/Sites/destatis/Internet/DE/Content/Publikationen/ Querschnittsveroeffentlichungen/WirtschaftStatistik/BinnenhandelGastgewTourismus/Struktu rdatenEinzelhandel2003,property=file.pdf> abgerufen am 11.03.2011.

Schnieder,T. (2008): Otto- eShopping 2.0. In Riekhof,H.-C. (Hrsg) (2008²): Retailing Business in Deutschland- Perspektiven, Strategien, Erfolgsmuster. Wiesbaden: Gabler, 491- 519.

Twardawa, W. (2006): Die Rolle der Discounter im deutschen LEH- Marken und Handelsmarken im Wettbewerb der Vertriebskanäle für Konsumgüter. In: Zentes, J. (Hrsg.): Handbuch Handel. Strategien- Perspektiven- Internationaler Wettbewerb. Wiesbaden: Betriebswirtschaftlicher Verlag Dr. Th. Gabler, 377- 394.

Vogels, P.- H./ Holl, S./ Birk, H.- J. (1998): Auswirkungen grossflächiger Einzelhandelsbetriebe. Basel: Birkhäuser Verlag (=Stadtforschung aktuell 69).

Wirtz, B.W./ Sammerl, N. (2006): Versandhandel- Erscheinungsformen und künftige Entwicklung. In: Zentes, J. (Hrsg.) (2006): Handbuch Handel. Strategien- Perspektiven- Internationaler Wettbewerb. Wiesbaden: Betriebswirtschaftlicher Verlag Dr. Th. Gabler, 423- 440.

Wortmann, M. (2003): Strukturwandel und Globalisierung des deutschen Einzelhandels. <http://bibliothek.wz-berlin.de/pdf/2003/iii03-202a.pdf> abgerufen am 15.03.2011.

Zentes, J./ Swoboda, B (1999): Standort und Ladengestaltung. In: Dichtl, E./ Lingenfelder, M. (Hrsg): Meilensteine im deutschen Handel: Erfolgsstrategien- gestern, heute, morgen. Frankfurt a.M.: Deutscher Fachverlag, 89- 121.

Zentes, J. (Hrsg.) (2006): Handbuch Handel. Strategien- Perspektiven- Internationaler Wettbewerb. Wiesbaden: Betriebswirtschaftlicher Verlag Dr. Th. Gabler.

Anhang 1: Summary

The retailing is globally shifting, also in Germany. After the Second World War the complete political, social, economic and cultural system was destroyed. The former retailing system was not able to sell their products. On the one hand the trading system as itself was completly destroyed, but also on the other hand the German population had no money for paying it to the retail business. But with the so called Wirtschaftswunder in the 50s the German business and retail business started to grow. First there were only the small and traditional service stores who sold their products in a small store. But during the next years trends from other countries and mainly from the US came to Germany and created new retail business models. Mostly the introduction of the self- service system and the Greenfield strategy changed the retail system dramatically. Today the virtual shopping inside the World Wide Web creates new retail companies which will grow more and more in the future.

So old traditional retail business models loses shares of sales to new and innovative business models which are able to handle the customer preferences on a better way.

For the science and also for the retail business itself it is really useful to find a model which is able to explain this shift in share of the sales of the retail business models. One of these models is the live circle assumption of retail business models. This model is ordered in five or four stages which explain the economic situation of the several retail business models. Thereby the retail business follows a typically path from the initial innovation to the other stages.

At the first stage (initial stage) a new business model is introduced to the market with only a low number of stores. If the consumers accept and use the new model, it is able to grow and comes to the next stage (growth stage), where the numbers of the stores and the share of sales grow. But the growth is not endless. After a time the retail business model comes to the maturity stage, where the numbers of the stores stagnates. After this stage the retail business model loses share of the sales and newer models push the old model to a lower level.

The history of the German retailing limns this kind of a developing. But it is not possible to say if this is the case in the future.

Anhang 2: Unternehmen, Beschäftigte und Umsatz im Handel in Deutschland 2008 (Auswahl)

2008	Unternehmen	Örtliche Einheiten	Beschäftigte	Umsatz
Einzelhandel (ohne Handel mit Kraftfahrzeugen)	275330	397683	2878893	420167
Einzelhandel mit Bekleidung	24013	43818	312281	28709
Versand- und Internet-Einzelhandel	5072	6238	65692	18907
Einzelhandel mit Lebensmitteln	59325	97799	984458	167390

Quelle: Destatis 2011.

Anhang 3: Verkaufsfläche je 1.000 Einwohner von Lebensmitteldiscountern in Deutschland

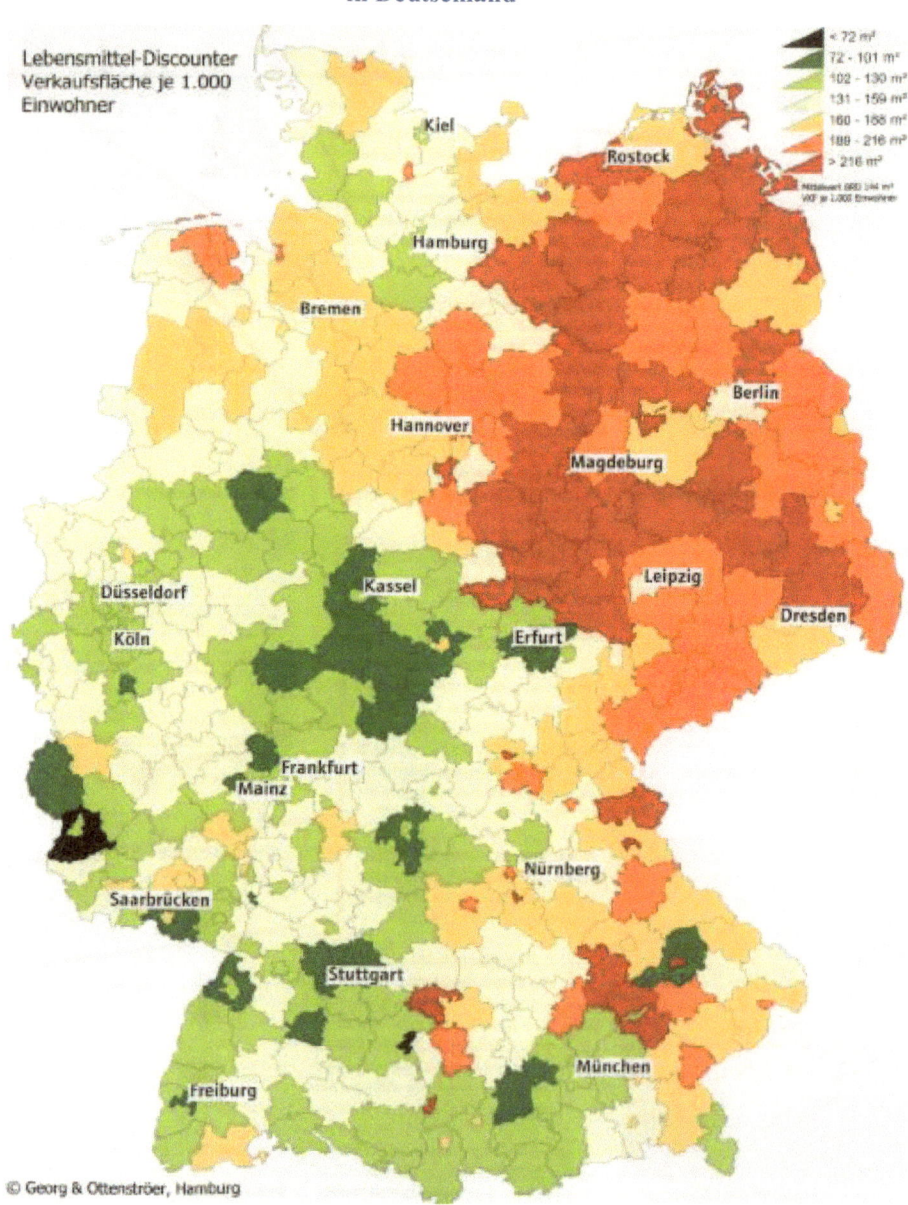

Quelle: Georg/ Ottenströer 2009.